典藏 新中式

中式餐厅

中国林业出版社
China Forestry Publishing House

目录

Contents

梅林阁
Mei Lin Ge

设计单位：中国（合肥）许建国建筑室内装饰设计有限公司　　设计师：许建国

项目地点：安徽合肥

项目面积：260 平方米

梅林阁这个案子设计的特别之处就在于项目本身很特殊。主人买来这套住房后希望自己能够在这里接待一些志同道合的朋友，能和朋友们在这里共同吃饭用餐，推杯换盏把酒当歌，喝茶论禅，聊天谈心。在这个地方我们力求去营造一种蕴涵着一丝丝清凉的舒适宜人的环境，让人在拥挤的水泥丛式的建筑当中找到一丝丝自然之感。所以我们在整个的设计当中力求所有的东西看上去都是那么的自然、那么的古朴。

我们在每个地方都极力想去表达出此种境界，没有太过多地去苛求设计上面的程式化的语言表达。在梅林阁的设计当中它的最重要的一点还是看似无形胜

有形的感觉，每一处处、每一个个细节都在向你诉说她的故事她的情感，总体来说她更像一首诗，缓缓道来，一句一句的，不多不少刚刚好。

入口的空间设计比较的特别，因为我们希望可以在一个狭小的空间内让人在通过车流，到人群人流，到小区的拥挤，连坐上电梯都是狭小的空间而下来以后高18层豁然或到到的感觉，开大地，所以我们在整个一层设置了2个小的会客厅和入口玄关接待。在二层设有它的包厢和卡座就餐区还有一个天台，三层我们做了一个茶房，茶室还有一个露天的景观水台，从而达到一个连通一气的感觉使人在此空间能达到充分的放松。

花家怡园
Hua's Restaurant
设计师：薛鞍

项目地点：王府井澳门中心
项目面积：4000 平方米

本案的市场定位为现代都市感的中式风格高端餐饮会所，适用于中高端商务宴请，私人聚会。

优雅精致，大气的空间，协调的色彩。中心壁炉强调了烤鸭的特点，同时也分割大堂和宴会厅 2 个空间，空间借景。

作品在设计选材上，专门定做靛蓝色釉边瓷砖和黄铜搭配，营造了出众优雅的宴请气氛，反响良好。

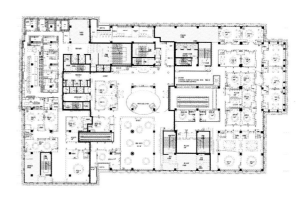

平面布置图

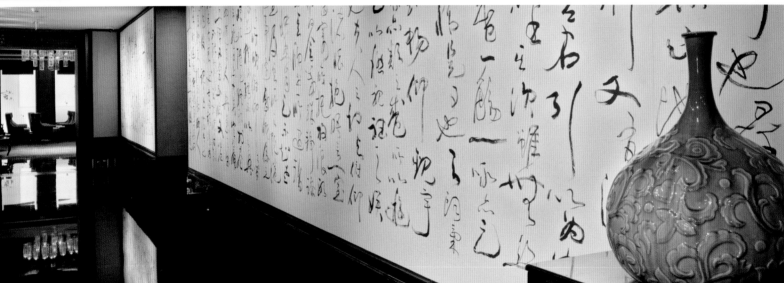

外婆家调频壹店
The Grandma's (Channel 1)

设计师：杜江

项目地点：上海长寿路

项目面积：1000 平方米

本案是设计师和中国连锁餐饮的领军企业外婆家之间的合作，在餐厅的动线流程和排位的科学化给予设计者更精细和专业的挑战。从项目所形成的最终形态上看，貌似东南亚风格，实为新东方的设计。在设计上，采用了一些新的表现手法，尝试用西方人的直线思维去审视东方的复杂造型。

有了基调的定位，材质的选择是实木和红砖，由最本质的材料来表达更深的思想深处。通过挖掘生活在都市的人们渴望拥抱自然的心态，更加深了都市人对就餐环境的喜爱。

平面布置图

水墨兰亭
Ink Painting of Lanting Pavilion
设计师：陈彬

项目地点：湖北武汉
项目面积：649 平方米

根据餐厅所在地区目标顾客的分析，合理规划出散座、连包和大包的台位比例，强调使用综合性。

兰亭主题的延续作品。关注点放在"水墨"一词上，空间色调严格控制在"黑、白、灰"基调上，最后用高纯度青绿布面给空间提神。

在餐厅连通房的设置和布局上充分体现出传统审美和实用功能并重的规划思想。选用拉丝黑钢精密加工方式，在空间体块的衔接和收口等细节上形成线形语素。

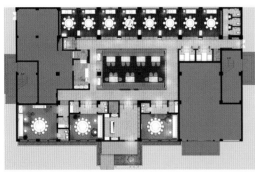

平面布置图

苏园酒店
SuYuan Hotel
设计师：刘世尧

项目地点：河南郑州市

项目面积：4150 平方米

"风雅吴地、水墨江南"，留下无数文人墨客的行迹，也留下人们印象中一幅浓淡相宜的水墨长卷，这就是我们在苏园酒店设计中所要传达的思想和意境。

我们在原有建筑物的加建及改建上，植入了中国传统的"院落"形式作为设计的理念。首先在平面规划上，把苏州园林的"园"、"巷"的意境体现在酒店的中庭庭院和大堂的入口处。

在室内包房设计中，我们将江南富庶之地的富有、水乡人家如诗的画面，通过不同的材质、手法去展现。从家具的设计及室内的陈设，都力求简约明快又不失

大气殷实，呈现出温馨、典雅、舒适、厚重的空间效果。既符合中国人所崇尚的人文环境又通过对中国传统的变异，使得"意象"江南的理念得以彻底体现。

外立面向内单坡的屋顶，既体现江南建筑的灵秀特征，又体现中国民居中常用的"四水归堂"的手法，入口处大片对称的实墙和中庭对外大片洁净的玻璃形成强烈的虚实对比，变异简洁的中式窗格在外立面中细致动人，对称的入口格局使得整个建筑大气而又精致。

唐会
Tang Club

设计单位：江苏省海岳酒店设计顾问有限公司　　设计师：姜相岳

项目地点：南京

这是一个环绕在优美风景周围的餐饮建筑——唐会。从名字听起来就感觉带着中式古典宫廷的元素，我们的设计也就从此展开。通透的室内将建筑整体表现出来，并把室内温暖的感觉传递到室外来。夜晚的迷人的背景状态，有如一场戏剧拉开了序幕。

接待大堂迎宾处，我们特意精心挑选了迎宾花与背后的背景形成非常良好的对比状态。入口的精致表现，顶和地之间的大体块的结构感，接待台背后存放的古书对空间进行了柔化。

豪华包间中，我们把书香门第的气氛引入进来。在餐厅里面也放置了大量的古典主义书籍，使得空间充满了浓浓的书香气味。中间的案台更好地与功能结合，既能做案台又能做备餐台，解决了零点过程中服务员的实际问题。由于半封闭的零点包厢在黑区，我们采用发光玻璃的设计方式，使得空间很通灵透明，减少客人的压抑感。

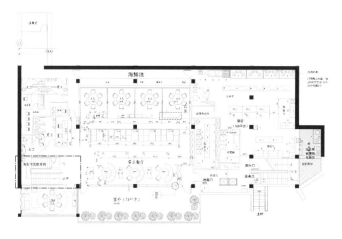

平面布置图

兰亭别院
Lanting Pavilion

设计单位：大木设计中国（湖北）后象设计顾问机构(RHD)　设计师：陈彬

项目地点：湖北武汉

项目面积：660 平方米

兰亭别院是一间供应中式餐饮和茶点的复式餐厅，位于武汉汉口江滩。在这个空间中，设计师求取西晋王羲之《兰亭序》中"曲水流觞，茂林修竹"的意境，运用贴近自然的材料和平实的手法，创造一个追求高古情怀的写意空间。在满足食客对美食要求之外，更能带给其视觉和精神的享受。

设计师将其划分为三个不同功能区域：接待区；明档及取食区；进餐区，而进餐区又规划为三种形式，即散座区、卡包区和包房区，以满足不同食客的需求。设计师特别选配了龙泉青瓷为兰亭别院的瓷具用品，并将整个餐厅空间以温暖原木色系为主要调性，不同纹理和深浅的木面运用于不同的装饰空间中，天面、墙面、地面和家具，利用厚重的暖调去映衬碧绿的龙泉青瓷，使原木的温厚和青瓷的清纯，在空间中相得益彰。

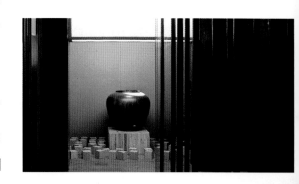

为了回避独层空间的单调感，设计师首先利用两排丝印玻璃围合的卡包，将整体空间分割开来，使视线受到相应阻碍，同时墨竹丝印玻璃又成为整个餐厅的视觉主题，掩映出"茂林修竹"的情境氛围；其次又将餐厅中部区域抬升地坪，形成抬高区，上置高背沙发，四周以黑色云石为水面，以断面石料为山石，运用现代构成理念铺设，演绎出"曲水流觞"的高雅情趣，抛其简单形似，追求内在神似。

宴遇 · 乡水谣
Banquet & Country Music
设计师：孙黎明

项目地点：江苏无锡市

项目面积：800 平方米

本案在调性定位上，以风尚主流人群身心诉求为核心。本案设计原初来自业主对"康美之恋"的情境感受———个属于风尚阶层清新浪漫的美丽情愫，大面积的蓝色为色彩基调上营造了知性、浪漫、高雅、明快、清醇的时空感。

空间在完成业态布局等功能需求基础上通过色彩的运用、元素的演绎综合勾兑出一个故事性丰满的情感化就餐环境。

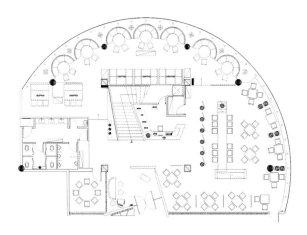

一层平面布置图

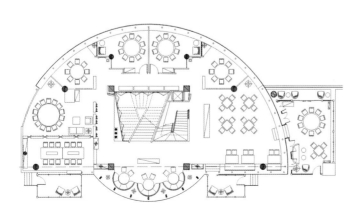

二层平面布置图

赤峰悦海棠餐饮
Yue Haitang Restaurant in Chifeng
设计师：金哲秀

项目地点：内蒙古赤峰
项目面积：2248 平方米

环境艺术设计的最终目的是应用社会、经济、艺术、科技等综合手段，来满足人在空间中的存在和发展的需求。

使环境充分容纳人们的各种活动，而重要的是使处于该环境中的人感受到该空间高度气质。人是空间的主体，该餐饮空间设计同样是以人的需求为出发点，体现出对一个群体的精神关怀。

本餐饮空间设计在中分满足使用功能的前提下，分为服务区（大堂、走廊、卫生间）和贵宾服务区（即包间）。每个包间在形式上是不一样的，当他们作为个体出现时依然和谐，材质上存在变化，色彩上存在变化，而在我们视觉上感觉并不花哨。材质的变化要同意于整个空间。

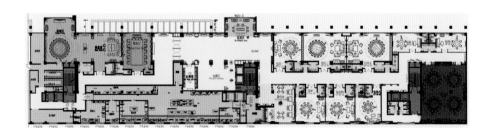

平面布置图

凯旋门七号会馆
Arc de Triomphe Seventh House
设计师：孙华锋

项目地点：河南洛阳市

项目面积：5000 平方米

入口是客户体验的第一站，会馆外立面错落有致的石材分割很好的处理了建筑体量过大带来的沉重感，带来强烈视觉冲击的同时也很好节约了造价。红黑相间的格栅和门套的结合强调了入口位置也形成吸纳迎人的视觉感受。

一层除了风格各异的特色包间外还为零星客人或企业活动准备了一个 240 平方米的散座区，满足各类客群需求的同时也让空间更加灵动和人性化。二层的包间中有几个特色包间，其中东宫（中式风格豪华包间）、西宫（新古典风格女性会所）和伊斯兰包间最具特色，呈现出尊贵大气、细腻典的空间氛围，满足了贵宾接待、高端女性客户及伊斯兰民族客人的个性需求，体现其人性化服务的宗旨。

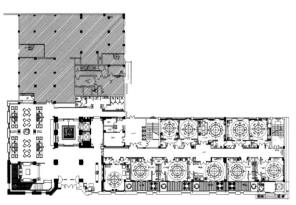

一层平面布置图

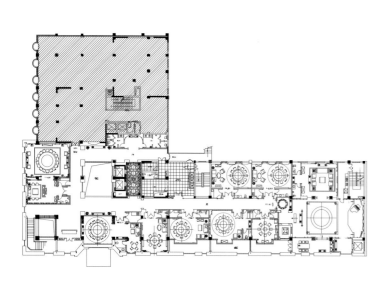

二层平面布置图

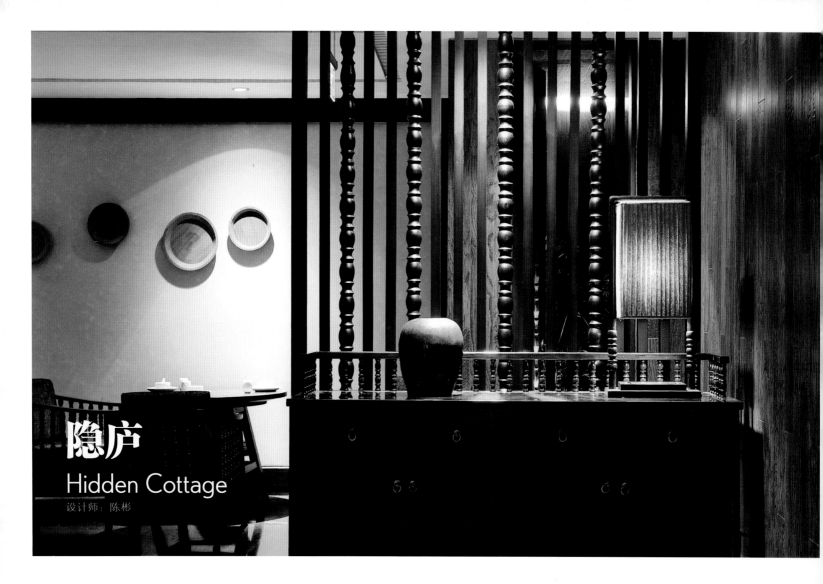

隐庐
Hidden Cottage
设计师：陈彬

项目地点：湖北武汉市
项目面积：1000 平方米

本案大面积平整的水刷石墙面和特意缩小加长的窗形，以及模仿自然界晨雾的玻璃丛竹夹层。使建筑在不牺牲采光的前提下，尽可能地隔绝外界的干扰。而将餐厅入口背离街面，开在后院并设置一个竹林小院的动线规划更是设计师"取静"的神来之笔。

室内空间中深色水磨石地面和实木墙板及家俬的运用，使整个餐厅充满湖水的宁静和草木微语，而一种冷色调手工砖的使用，又给这个空间注入一丝怀旧的颓废气息。 完成后的餐厅，自然、平淡、静谧，渗透着一种东方内敛的精致。所谓"大隐住朝市，小隐入丘樊"，餐厅取名"隐庐"。

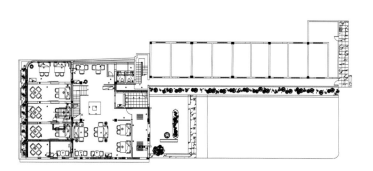

一层平面布置图

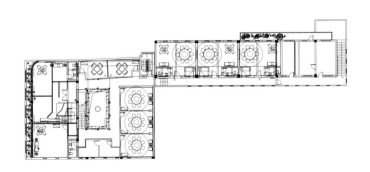

二层平面布置图

风尚雅集餐厅
Fengshangyaji Restaurant
设计单位：无锡市上瑞元筑设计制作有限公司　设计师：冯嘉云

项目地点：江苏无锡

项目面积：1000 平方米

主要材料：松木风化板、橡木板、黑洞石、
　　　　　柚木色地板、黑钢板

本项目为多业态组合，风尚趋静的业态，为都市小资目标客群属地。所以在空间营造上趋于简约明畅，同时亦在文化意蕴上有所彰显。首先，非常规的楔形总平加上咖啡简餐、书店、创意产品的组合业态，决定平面布局与空间动线处理上，要采取相应灵活创意。于是，通过大量斜线切割手法，并在虚实相间的隔墙、仪式感强劲的条形水景的自然区隔中，使各自业态属性获得相对的独立感，又在视觉逻辑中行气浑然，隽永的基调得到通盘贯彻。其次，在文化诉求中，甄选了明清之间金陵八家之一的高岑的《江山千里图》进行了现代感的拼接，画风的简淡雅致，与清雅浑然的

色彩、材质表现，在形式上获得了高度一致，同时回归知性、情调、个性的江南文化价值亦清晰展映，徒生了空间品质感。最后，在陈设运用上，强调了对立与和谐，突出空间表情的丰富性，如朴拙的瓮、石磨、卵石、斑驳的老木头、轻盈曼妙的织灯、纤细的干枝、生态的绿植、小巧的文人山水小品等。

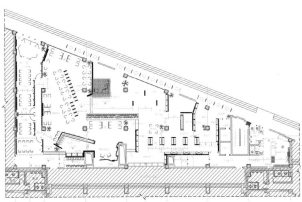

平面布置图

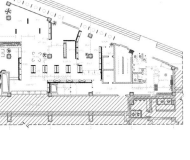

靚昌南
Pretty Chang Nan
设计师：高波

项目地点：江西省景德镇

项目面积：370 平方米

本餐厅地理位置处于陶瓷文化底蕴深厚的江西景德镇市。餐厅以浅色主导整个空间，是该案的设计灵魂所在。业主希望表现出些许的当代陶瓷文化味道，在该案中设计师力求实现一种时尚并有浓厚人文情调的氛围。这套作品当中运用了以白色基调为主的陶瓷文化细节和中西元素符号的混搭融合。

在浅色的背景之下，红、蓝、黄等色彩点缀其中，像小故事一般尽情地演绎。餐厅的处理细节，设计师加入了很多微妙的陶瓷的素材、陶瓷的拉手、陶瓷的壁画、陶瓷的摆设品等，为了能够更好的体现餐厅地域代表性。

该案融入了不同的文化，将浪漫、怀旧融为一体，风格独特，格调高雅。处处见雅致，仿佛是当代与古典的融合，但浅色的基调又赋予了餐厅空间完全新鲜的感觉。

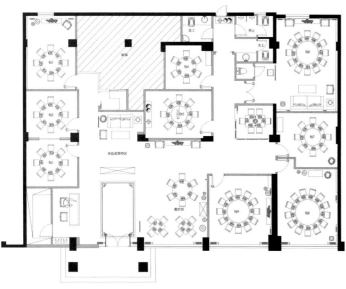

平面布置图

武昌城精选
Wuchang city Hightights
设计师：陈彬

项目地点：武汉

项目面积：2158 平方米

武昌城，建于东吴而毁于民国，存世 1706 年。这座近代史上的洋务重镇和辛亥名城，在漫漫的文化长河中也不乏流淌下李白、崔颢之流的文墨风骚。

餐厅取名"武昌城"，业主的文化诉求和高端客户定位，使设计团队对于将要创造的空间之美学追求和视觉体验有了清晰的思路和表达方向。因为对传统艺术形式的喜爱，终于决定以文人画为切入点，以当代视角剖析其审美追求。运用布局、色调、灯光、材质以及艺术陈设等方面的匠心营造，描绘出一卷"简、拙、淡、雅"的新文人气质禅意画面。简者，造型手法，追求简约，求少求精。拙者，材质选择，饰法自然，朴实无华。淡者，色彩搭配，调性淡雅，统一和谐。雅者，饰品陈设，书卷韵味，宁静高洁。足见设计团队对传统文人画的内心解读在此美食空间的营造中，成功转变为物质诠释。

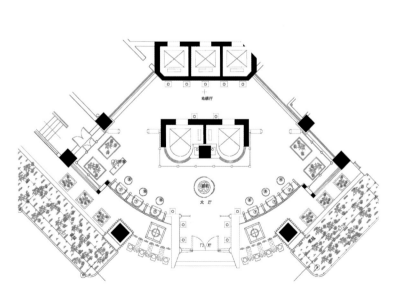

一层平面布置图

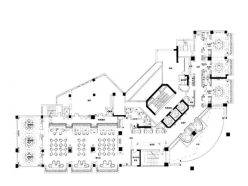

二层平面布置图

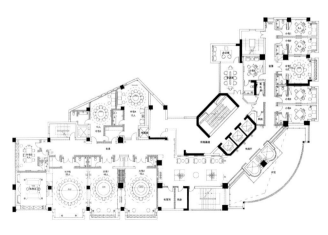

三层平面布置图

上海新荣记
Shanghai Xinrongji

设计单位：杭州大相艺术设计有限公司   设计师：蒋建宇

项目地点：上海市卢湾区

项目面积：1500 平方米

主要材料：珍珠黑、黄古铜、银龙灰大理石、
　　　　　木地板、柚木饰面

上海新荣记位于上海卢湾区人民广场。作为上海的商业圈，这里既有悠久的文化，也是汇聚国际品牌的时尚现代的商业大道。但是设计的出发点却与之截然相反，设计师更注重追求了一种舒适，一份自然。

新荣记餐厅位于5楼，在其延伸出的阳台上可静观人民广场的繁荣，商业街上的人来人往，自己却像置身于世外桃源。整个餐厅的设计并没有使用到中式元素，却处处透露出中式的味道。餐厅设计以木质为主，木与木之间透着古色古香。门口藤椅的放置不仅可以用来休闲，更给人一种置身世外的享受。餐厅除了点光源还是点光源，但正是这点光源光让整个餐厅更有了中式的味道，用餐更是一种惬意。

新荣记餐厅就是给人一种闹中取静，怡然自得的用餐享受。

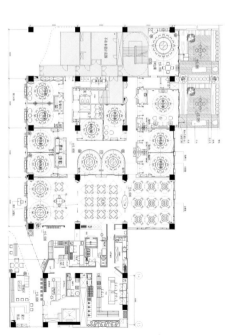

平面布置图

四季民福烤鸭店
SiJi Min Fu Restaurant
设计师：吴其华

项目地点：北京

项目面积：840 平方米

四季民福是以北京的特色传统饮食烤鸭为主的新派中餐，定位为平民中档消费。这样的中等经营定位也要求设计方的造价成本要有所控制，以便于餐饮项目在日后的经营过程中减轻成本的压力。其次，项目空间在客流的容纳上必须达到最佳比例，在空间上做出两层的消费空间。

轻松的现代中式风格是本案的设计基调，没有传统中式厚重严谨的设计规则和视觉元素，而是在加入亲民的休闲气息中，营造出放松且平易近人的就餐环境。空间的色调氛围尽量贴近淳朴，材料的应用尽可能地贴近自然。用大家熟悉的中式家具元素表现空间

设计的主旨和用意。而对氛围的营造则从灯光的柔和度设定、墙面、配饰和屋顶材料的方面进行完善。

在原有建筑的基础上，本案的空间被调整为两层，一层为接待及散座区，二层以包间及小宴会区为主。为了解决二层餐饮空间层高不足产生的压迫感，二层从楼板到顶板，都进行了"开洞"设计，将自然光引入，也使一、二层相互贯通。由于主打菜式的特色，餐厅的客人中以宴请或家庭聚会的需求较多，所以在二层空间特别设计了小宴会区，六组圆桌平时可单独使用，可以通过软隔断划分出不同大小的聚会区域，使空间应用灵活。

一层平面布置图

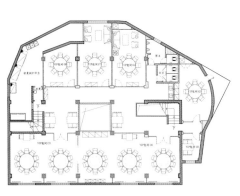

二层平面布置图

寻常故事特色餐饮
Unusual Story
设计师：郑杨辉

项目地点：福建福州

项目面积：580 平方米

寻常故事餐饮空间，每间店铺都有一个故事，一个主题，因为生活在城市的人群，有太多的故事每天在这样的场所发生，本案的故事主题是质朴的新东方原生态空间场景再现，宁静中的奢华时尚淡淡散发，空间场景营造的主角是藤制品。

材质的选择是质朴的，设计手法造型是当代的。藤制品的云彩装置吊灯造型，是意念中的蓝天白云，通道的红色纱墙温暖着整个空间，只愿每个来临寻常故事的都市人群，抚摸红色纱墙柔软的质感触觉，就能记住餐厅的空间给予的无限温情，记住寻常故事不寻常的空间标识，虚隔断上红色的线绳是色彩的延伸，

些许的不规则欧式镜框和中式老雕花组合在空间的墙面上，模糊了空间的界限，中式和欧式雕花图案组合的屏风，有些奢华和空间设计元素的混搭，但只要是当代和时尚的传达都是空间想要诉说的。

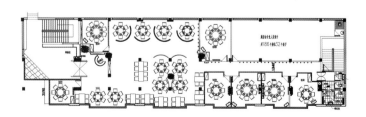

平面布置图

俏江南
South Beauty
设计师：田军

项目地点：苏州

项目面积：6000 平方米

主要材料：窗格、皮革刺绣、理石、

　　　　　不锈钢荷花、喷绘、木制作

江南名城苏州，有一号称中国最大的内城湖泊——金鸡湖。俏江南苏州店就坐落于其中唯一的湖中长堤"李公堤"的岸边。

此项目是一座建筑面积约 6000 平方米的独栋别墅。在完美的李公堤园区规划里，俏江南的位置极其优越，整个建筑依水而建，室内光线通透，以至于每个角落都能欣赏到旖旎而又壮丽的湖面风光。苏州城固有的文人气质，以及项目内部世外桃源一样的环境，都决定了室内装饰风格要将江南的诗情画意延续到底。

此外，还采用了吊伞款型的布艺灯，拉长的中国灯笼，仿水滴的红玻璃挂件，丝光皮革上的中国刺绣等，所有这些都在围绕着同一个主题——梦里江南，而此江南又非彼江南，那是在优美与恬淡中加入了一抹火红。

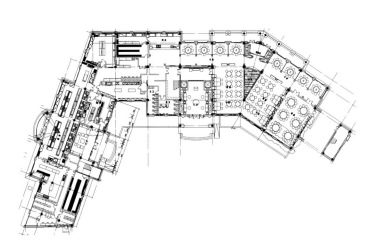

一层平面布置图

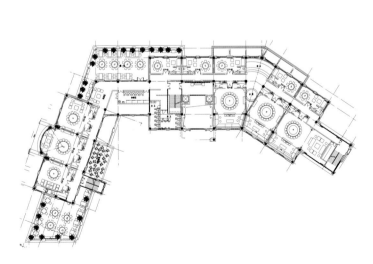

二层平面布置图

虽然风格上我们依旧尊崇传统意象，但突破中国符号，挖掘延续古典之美，才是我们一贯秉承的理念。所以，在门厅入口，我们利用空间挑高的优势，做出了超高尺度的家具，用富有张力的手法，表现出迎接宾客的隆重。在过廊两侧及包间入口，我们加入了廊柱；红色丝绒的帘幕；葫芦装饰挂件等用来烘托气氛。散座及沙发卡座区，突破以往扇面为一个平面的表现手法，我们将它在立面与顶面上翻折，这样一来，坐落于其中的宾客，都会有温馨而有趣的奇妙体验。在空间对称布局的中央区域，设置了小桥流水，庭院表演，并特请艺术家在水池中央用金属的材料与质感，量身定做了大片的荷叶，莲藕等雕塑，为周围的人们提供了一种，传统与现代的穿越感。

八方馔
Bafang Zhuan
设计师：李泷

项目地点：福建厦门
项目面积：900 平方米

八方馔是一间以制作养生美食拥有八大菜系为特色的餐厅，整个空间注重营造与料理相互交融的氛围，餐厅设计以简约中式为基调，整体色调以米色为主题色，搭配灰色作为过渡，使整个空间沉稳低调并不失时尚。

外观黑色格栅由 "八" 字提炼造型，美观且耐人寻味。大堂富有中国风的黑金色工笔漆画，简洁丰富的肌理墙面，素雅禅意的布艺隔断，写意花鸟的麻纸吊灯无一不渗透着浓浓的东方意韵。二楼以一片鸟语花香的景象拉开序幕，简洁明亮的餐区，散发着浓郁古典气息的水墨意向纵横交错，营造空间丰富层次并塑造神秘感。整体空间将中式古典元素巧妙地融入现代空间中，色彩，材质，造型和谐共存，极具美感的视觉效果共襄心灵盛宴。

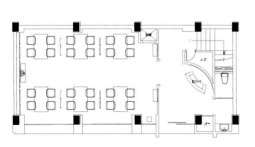

一层平面布置图

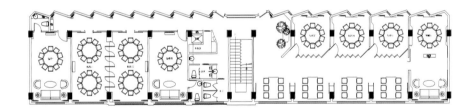

二层平面布置图

老房子水岸元年食府
The old House: Reign Foodcourt
设计师：张灿

项目地点：深圳

项目面积：1920 平方米

　　成都老房子集团一直以其极富个性的主题餐厅，演绎着现代时尚川菜的理念。此次"老房子水岸元年"食府落户深圳"欢乐海岸"，在这个都市的娱乐标的为深圳市民带来不一样的成都风情。

　　老房子集团旗下共有民风、花园、元年等四五种类型的餐厅和酒店，定位由面向普通大众到顶级的奢侈消费群，其跨度很大。元年类型是老房子集团旗下最高端的品牌，既强调外部环境的优雅，又讲求内部环境中文化理念的表达，从外到内，整合化地将老房子最原始的餐饮哲学表现。

　　"水岸元年"作为高端餐厅，仅就"欢乐海洋"

提供的单体建筑而言，并不能满足"元年"类型餐厅所需要的内外部环境，所以就需要设计师用更多的智慧来营造。

　　空间的构想主要利用了建筑物的一层共享空间和三层的屋顶平台，一层的共享空间，楼层空间高达 10m，设计师设想用一个充满星光的天棚来象征时光的倒流，让人回到水岸最早的原始状态。于是就这个巨大的天棚背景墙，将一层大堂和二层的走廊共置于一个画境中，而大堂两边则用黑色石材简单地勾勒出水岸的意味，岸边草房排列、陶罐堆积，圆形的浮漂起起伏伏。位于入口处的木马，是人类原始和粗犷不羁的象征，设计师特意为每个"元年"餐厅都设计了一种主题上的延续。三层是唯一可以感受外环境的地方，所以，设计师运用茅草和陈年老木这种普通的材质和简单的制作方式，在这里设计了二排的木屋篷。夜晚，在户外的星光下，整个平台就成了回忆漫漫往昔、畅想未来的最佳场所。

一层平面布置图

二层平面布置图

八府香鸭
Bafu Fragrant Duck

设计单位：哈尔滨大木唯美演装饰设计有限公司　设计师：韩冠恒

项目地点：黑龙江哈尔滨
项目面积：1200 平方米

　　"八府香鸭"设计既由这家十几年历史的老店延展而来，形取之"八"，意取之"府"。

　　在形式上我们把房间都做成了八角形，这也是餐饮行业的特殊性。经过考察后，既矩形的房间在餐饮包房中四个角都是实际使用功效不大的部分，而正八边形之间的平布组合可以产生出多种多样的变化。我们在充足的公共空间中作了三大水系，使一部分房间座落在水面之上，形成了室内的庭院建筑，又把现代化的交通工具滚梯也由水面而升，意观上我们尊从主旨把满清八大王府作简易冠名，也划分出较大的单体空间并作为作为装饰重点。家具及装置上又以传统手工艺"大漆"为主现场制作了超大尺度的家俬，色彩上以红黑两中式传统颜色搭配，饰画上又以油画颜料来表现中国水墨写意荷花的内容。意在体现现代中式的主旨，外建上也以现代的材料与分割比例来演绎传统的符号与信息，来求得内外的统一，形与意的统一。

一层平面布置图

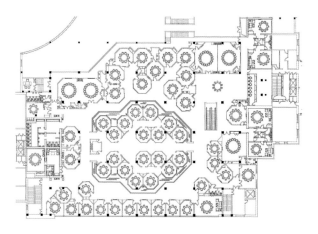

二层平面布置图

柒公名豪大酒店
Qigong Minghao Hotel
设计师：孙洪涛

项目地点：绍兴上虞

项目面积：500 平方米

梅，剪雪裁冰，一身傲骨；兰，空谷幽香，孤芳自赏；竹，筛风弄月，潇洒一生；菊，凌霜自行，不趋炎势。

进入大厅，首先映入食客眼帘的正是这铜质雕刻的岁寒四友。梅兰竹菊，是君子的象征，蕴含中国人对最崇高的人格品性的赞美与向往。大凡生命和艺术上升到"境界"的层面，都致力于将有限的性格特质升华为永恒无限之美。幽静儒雅的空间，极具翩翩君子之风，大气开阔的布局，更显雍容气度。

"祥云应早岁，瑞雪候初旬。"过厅的地面、墙面、顶面，都融入两人祥云的元素。虽然表现方法有所不同，但其主要目的都是为了体现"渊源共生，和谐共融"的文化内涵。还有一些栅格、隔断，以及顶面的花格，都巧妙的点缀了空间。中式的布局、器物，搭配欧式的家具、水晶灯，亦中亦西，抽象的水墨画，糅合了两者之间的矛盾与对比，使之衔接更为自然。

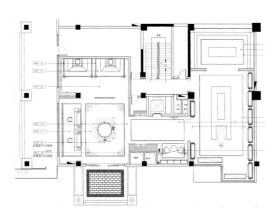

一层平面布置图

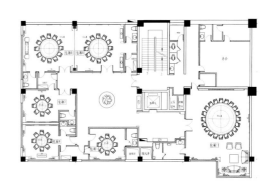

二层平面布置图

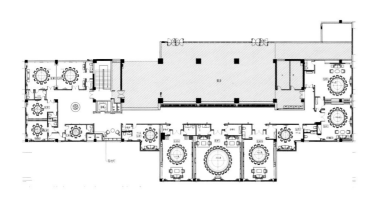

三层平面布置图

新荣记餐厅
Xin Rong Ji

设计单位：杭州大相艺术设计有限公司　设计师：蒋建宇

项目地点：北京市西城区

项目面积：2700 平方米

主要材料：京砖、银龙灰大理石、
　　　　　珍珠黑花岗岩、柚木、硅藻泥、
　　　　　铜片

　　餐厅位于北京金融街州际酒店内，地段繁华而高贵。但本餐厅却给人以"自然、空灵、沉静、朴素"之感受，在空间的意境上力求幽玄空灵的精神之美。

　　在材质的应用上，选择了天然的材料，而且尽可能保留自然材质的天然纹理和质感。如原木、土砖、竹子、石板、溪石、藤席。利用温润的材料特性营造朴素、内敛的气息，调和人与物、人与空间的和谐。在空间表达上力求简单、素美，崇尚朴实、自然、亲切，去除过多的无关装饰元素。尽可能减少设计痕迹，使消费都从自然朴素的形态中体验一种幽玄之美，使就餐的空间亦成为人们躲避烦杂世俗的栖息之所。

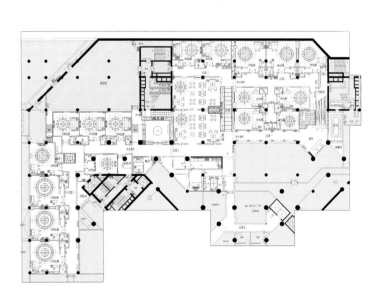

平面布置图

轻井泽 公益店
Eastern Zen Karuisawa Restaurant

项目地点：台湾台中市

项目面积：1117.3 平方米

主要材料：铁件、铝格栅、文化石、
　　　　　铁刀木、南非花梨木、玻璃

建筑要有意义，不仅在乎工艺内容；更仰赖整体文明、历史、气质的传承。本案延续古朴宏伟的建筑特色，除了静谧禅韵；更多了一份源自悠远中国的人文深度。

基地座落两路交会的角地，锐角斜切后成为六角形入口与主要店招的展示面，在基地因应地势略行垫高的基座上，超过 7m 高的三面黑灰色建筑外观非常有特色，首先是大面铸铁精工打造的倒 L 型店招 + 雨遮，店招正面嵌上书法名家挥毫的巨大白色 "轻井泽" 铁壳字，夜间在灯光衬托下视觉张力格外鲜明。沿着架高基座外缘为兼具等待区机能的木栈景观步道，步

道与建物之间规划镜面水景，点缀嶙峋的巴东石、烛台灯和蒸腾水雾，并贴心设置别致长凳可供来客小憩。

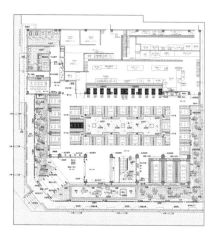

一层平面布置图

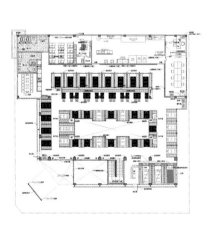

二层平面布置图

新镇江酒家
Xin Zhenjiang Restaurant

设计单位：十方圆国际设计工程　　设计师：赖建安、高天金

项目地点：上海

本案地处上海市南京西路沪上顶级精品百货区段。规划面积仅100平方米。是家老字号上海本帮菜。有着经营餐饮业数十年经验的业主，极力支持想成为新镇江新风貌，以私人会所形态演绎后现代中国风格呈现。

"惟有牡丹真国色，开花时节动京城。"全案以中国民间最具代表性的牡丹花作为亮点，增添了该案的东方人文色彩。花代表着花开富贵之吉祥寓意去呈现后现代中国风之风格；入口透着穿透式的圆形拱门拉开空间序幕，透光玻璃酒架形成了包房的私密空间。在东方底蕴包涵下设计师为求精致、现代感，利用金属镀钛球、S.T.亮片，及灯光的背景衬托下，使得桌上大理石及餐具与主食成为主角，更亲自挥洒墙面艺术及极富空间纵深的肌理油画。

加入意大利 SCANDLE 家具及艺术配置品，使得空间更加丰富起东西方合并之美学冲突，在享受美食之余萌生艺术品遐想。

设计师同时也采用后现代主义的精神及技术，寻找新的设计语言，大胆提取富人享受的奢华精神与文化，诠释出后现代主义的精髓。在每个物件的线条里，在每个饰品的理念间，在每件装置的背后，所有细节里闪耀着设计师的用心。施工过程逐步淬炼，施做之难度及业主极大支持，使空间注入新镇江餐饮新一阶段的风貌，灰黑空间的创意大胆调配。凝望独特后现代中国风之全新演绎。

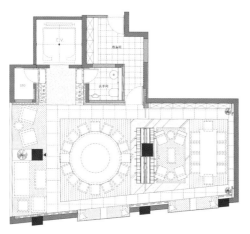

平面布置图

蓉府餐厅
Rong Fu Restaurant
设计师：杨凯

项目地点：四川成都

项目面积：2000 平方米

主要材料：金鹰艾格木地板、RAK 地砖

市场定位高端，有别于传统豪华的高端餐饮，突出艺术品鉴。在现代中式中，融入原创的艺术。多样化、可灵活变更的包间空间，适合多样化的功能需求。

选择原木比较多，表达一种自然奢华的感觉，很多地方采用弱对比方式表达：比如同样的石材同样的地方表达出光面和烧面的质感细节对比。整个空间低调，不张扬，有细节。

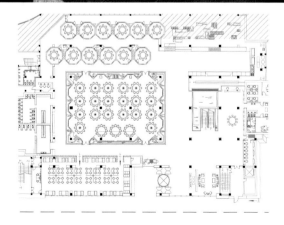

一层平面布置图

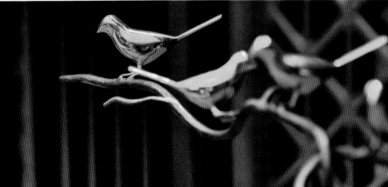

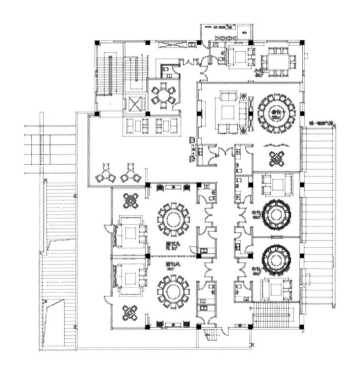

二层平面布置图

兰亭壹号
NO.1 Lanting Club
设计单位：河南鼎合建筑装饰设计工程有限公司　设计师：孙华锋、孔仲迅

项目地点：山西太原

项目面积：1450 平方米

主要材料：黑白玉石材、法国木纹石、
　　　　　红橡面板、草编壁纸、实木花格

　　兰亭壹号位于山西太原滨河东路，是以尊崇传统文化及健康养生经营理念为主导的高端餐饮会所。室内空间融中国传统文化的高贵典雅与现代时尚创意于一体。运用现代设计语汇进行室内空间规划。

　　设计师运用中国古典窗格、传统工艺的漆柜等元素提炼出具现代审美情趣的形式，使其成为空间界面的肌理，透过光线的映衬烘托出静谧、深沉、高雅的空间氛围。而水元素的加入则活跃了空间，潺潺细流的水幕墙背后是雕刻着王羲之《兰亭集序》的石板，静逸中透着灵动。走廊尽头万佛墙与现代工艺制作的金属荷花的搭配，材质冲突中意境却和谐，呼应了传

统结合现代的设计手法。会所的陈设设计采用中西合璧的方式，力求通过西式家具的舒适度与中式家具的传统韵味相结合营造私密尊贵且具人文气息的空间气质。

蘭亭 壹號

NO.1 LANTING CLUB

　　墙面悬挂的字画均为大师真迹且经过设计师对比例尺度的严格把控，使其和谐融入空间之中，是整个会所的点睛之笔。精心订制的灯具与空间形成完美的对话，传统绘画复制的漆屏散发着细腻悠远的古韵。

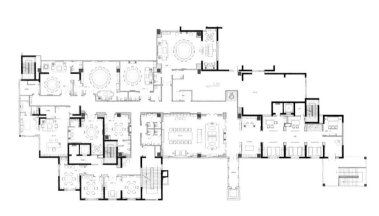

平面布置图

冬宫餐厅
Donggong Restaurant
设计师：刘红蕾

项目地点：海南海口

项目面积：713平方米

主要材料：木材、石材

作为海口鸿洲埃德瑞皇家园林酒店中的重要餐厅，冬宫餐厅继承和延续了酒店整体现在中国的风格，处处透露出古老中国的文化气息。 本餐厅设计灵感来源于中国古代的一种物质观五行。将金、木、水、火、土五种要素，通过设计语汇进行空间内的艺术演绎。

设计力求通过对传统文化的认识，将现代元素和传统元素结合在一起，以现代人的审美需求来打造富有传统韵味的事物，让传统艺术在当今社会的到合适的体现。保障每间餐厅的尊贵感和私密感，同时在墙面设置了大尺寸的落地窗，可将室外的美景轻松引入室内，使得室内外空间形成完美呼应。充分汲取中国

文化中极具特色的元素，通过丝、木材、石材的巧妙组合，营造出了一种静谧的软空间，让人不禁有回归自然、思想超脱之感。

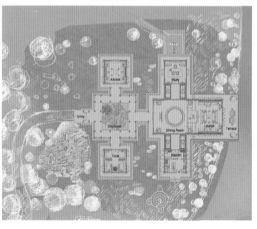

平面布置图

易品清莲素食餐厅

Yi Pinqing Lotus Vegetarian Restaurant

设计师：陈浩

项目地点：江苏盐城

项目面积：300 平方米

主要材料：火山岩、黑杏木

定位人群广泛，更偏向于年轻人，让更多的年轻人喜欢上了素食。

采用清新自然的设计手法，色彩采用白色、黑色等自然通透的色彩，将功能和客户需求用楼层划分，作品在设计选材上的设计创新点是选用自然，天然材料。

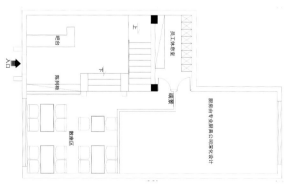

一层平面布置图

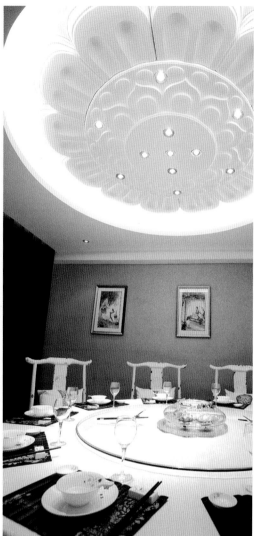

二层平面布置图

三层平面布置图

花家怡园翠微店
Hua's Restaurant (Cuiwei)

设计师：周妍

项目地点：北京东城区

项目面积：2300 平方米

定位是中高档商务宴请，将企业文化融入其中，设计主题为花开富贵的新中式餐饮。开敞式的烤鸭间，不仅代表美味更是一种艺术的展现！

绢画的绚丽与灰色青砖的色彩对比；大漆板雕花的细腻与石材粗矿的材质对比。

台米台菜
Taimi Taiwanese Cuisine

设计单位：福建尚方一可建筑装饰设计工程有限公司　设计师：金舒扬、刘国铭、林坤明

项目地点：福建福州

项目面积：900 平方米

主要材料：文化石、原木、玻璃

本案设计的是一个结合自助饮食及鱼翅火锅餐厅，立足于"自然、时尚、魅力"的空间理念，通过材质、造景的结合，营造出宁静舒逸的就餐空间形象。

清汤餐厅
Qingtang Restaurant
设计师：方令加

项目地点：福建厦门

项目面积：480 平方米

餐厅的环境，和料理一样，清淡、朴素，是现代的，也是中国的。

大空间的关系根据功能需求分隔为不同大小的各个方形空间，型体上并无做多余的修饰，以使整体框架是纯粹和现代的，墙角的黑边以使墙面不会被大面的白色溶化，保护了墙角，也使空间的骨架上带有最为简洁的中国味道。把对比强烈的或老或新的家具及摆件置入空间，使传统和现代在干净的空间中交错游走。

眉州东坡酒楼
Meizhou Dongpo
设计师：李向宁

项目地点：北京市大兴区
项目面积：1700 平方米

本案位于北京亦庄眉州东坡的四层，是基于现已极度饱和的就餐空间新增加的楼层。1700 平方米的整层面积只规划了 9 个包间，最大的包间面积达 180 平方米，最小的也将近 60 平方米。品牌创立人期望新的楼层能将博大的东坡文化融入奢侈的空间环境，让宾客在舒适优雅的空间里享用美食同时感受到东坡文化的浓厚氛围。

空间中大幅水墨山水壁画的载体不再是传统的宣纸和绢，而是丝绸玻璃，东坡泛舟赤壁的经典画面也被重新解构，山水和人物分为两层，在玻璃和丝绸的映衬下，随着视线的移动，山水和人物在空间中形成

新的视觉映像，这些层迭变化的界面将内部空间进行了重新定义，顺应了空间跨度的美学需要，并传递了某种微妙的动感。

在艺术与生活息息相关的今天，对空间和环境的看法早已成为一种艺术，室内空间不是刻意堆砌的艺术细节，而是不断在传统和现代材料中寻找创新的契合。设计师尝试通过他的思维，创造新的方式。

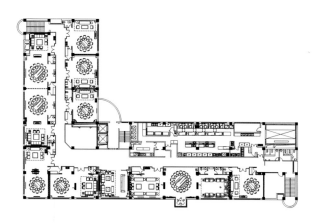

平面布置图

图书在版编目（CIP）数据

中式餐厅 /《典藏新中式》编委会编. —— 北京：中国林业出版社，2013.10
（典藏新中式）
ISBN 978-7-5038-7183-2

Ⅰ.①中… Ⅱ.①典… Ⅲ.①餐馆–室内装饰设计
Ⅳ.① TU247.3

中国版本图书馆 CIP 数据核字 (2013) 第 210714 号

【典藏新中式】——中式餐厅

◎ 编委会成员名单
主　编：贾　刚
编写成员：贾　刚　王　琳　郭　婧　刘　君　贾　濛　李通宇　姚美慧　李晓娟
　　　　　刘　丹　张　欣　钱　瑾　翟继祥　王与娟　李艳君　温国兴　曾　勇
　　　　　黄京娜　罗国华　夏　茜　张　敏　滕德会　周英桂　李伟进　梁怡婷
◎ 丛书策划：金堂奖出版中心
◎ 特别鸣谢：思联文化

中国林业出版社 · 建筑与家居出版中心

责任编辑：纪亮 李丝丝
联系电话：010-8322 5283

出版：中国林业出版社
（100009 北京西城区德内大街刘海胡同 7 号）
http://lycb.forestry.gov.cn/
E-mail：cfphz@public.bta.net.cn
电话：（010）8322 5283
发行：中国林业出版社
印刷：北京利丰雅高长城印刷有限公司
版次：2013 年 10 月第 1 版
印次：2015 年 9 月第 2 次
开本：235mm×235mm 1/12
印张：16
字数：100 千字
本册定价：218.00 元（全套定价：872.00 元）

鸣谢

因稿件繁多内容多样，书中部分作品无法及时联系到作者，请作者通过编辑部与主编联系获取样书，并在此表示感谢。